大学物理实验报告册

物理教研室　主编

姓　名　_____

班　级　_____

学　号　_____

组　号　_____

时　间　_____

西北工业大学出版社
西　安

图书在版编目(CIP)数据

大学物理实验报告册/物理教研室主编. —西安：
西北工业大学出版社,2022.4(2025.8 重印)
ISBN 978 - 7 - 5612 - 8168 - 0

Ⅰ.①大… Ⅱ.①物… Ⅲ.①物理学-实验报告-高
等学校-教材 Ⅳ.①O4 - 33

中国版本图书馆 CIP 数据核字(2022)第 058541 号

DAXUE WULI SHIYAN BAOGAO CE

大 学 物 理 实 验 报 告 册

责任编辑：李阿盟　刘　敏		**策划编辑**：李　萌	
责任校对：张　潼		**装帧设计**：李　欣	

出版发行：西北工业大学出版社

通信地址：西安市友谊西路 127 号　　　　邮编：710072

电　　话：(029)88493844　88491757

网　　址：www.nwpup.com

印 刷 者：西安浩轩印务有限公司

开　　本：787 mm×1 092 mm　　　1/16

印　　张：3.75

字　　数：98 千字

版　　次：2022 年 4 月第 1 版　　　2025 年 8 月第 5 次印刷

定　　价：15.00 元

如有印装问题请与出版社联系调换

前　言

　　"大学物理实验"是高等学校理工科学生的一门实践类必修基础课,是对学生进行系统的实验基础、动手能力、分析问题和解决问题能力训练的开端。同时,也是培养学生严谨、细致、实事求是的科学素养的重要课程。

　　"大学物理实验报告"是实验的书面总结,撰写完整、规范的实验报告,是大学物理实验课程的重要内容。

　　将大学物理实验课程的所有实验报告收集,并编制《大学物理实验报告册》,便于教师更好地掌握学生的学习情况,也有利于学生进一步复习巩固,进而系统地掌握实验技能。

　　本报告册由西安明德理工学院物理教研室教师根据"大学物理实验"教学大纲要求,结合多年教学实践经验及学生书写报告的实际情况,集体讨论后编写,格式设置上,基本包括了物理实验报告所涉及的各个方面。参加编写的教师有贺颖、薛小翠、樊英杰、邹丹、李渝、周晨露、李斌、许超等。

　　由于水平有限,本报告册难免有不妥之处,请各位同仁和同学们提出宝贵意见。

编　者

2022 年 3 月

西安明德理工学院

大学物理实验报告

班　级	实验组别	姓　　名	实验合作者	实验日期	成　绩	教师签名

实验名称＿＿＿＿＿＿＿＿＿＿＿＿＿＿＿＿＿＿＿＿＿＿

一、实验目的和任务

二、实验仪器（记录仪器名称及主要参数）

三、实验原理（文字、示意图及测量公式等）

四、实验内容和操作步骤

五、实验记录（记录实验条件、实验参数及原始测量数据）

教师签字	

六、数据处理（可另附页，粘贴于本实验附页粘贴处）

附 页 粘 贴 线

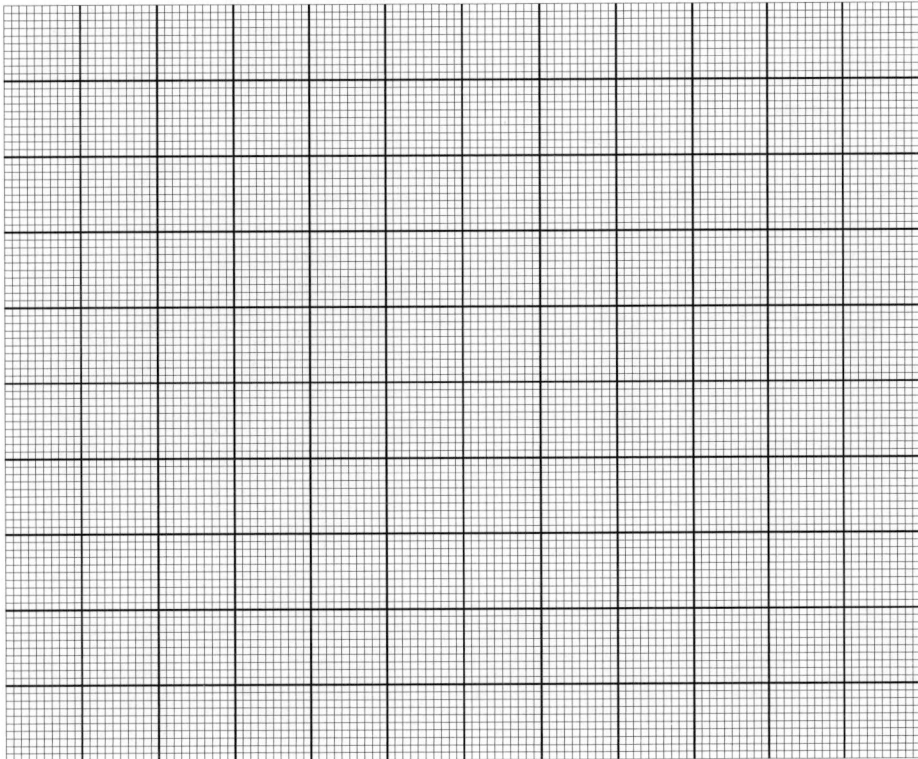

七、实验结果

八、实验结果分析、讨论及体会等

西安明德理工学院

大学物理实验报告

班　级	实验组别	姓　名	实验合作者	实验日期	成　绩	教师签名

实验名称＿＿＿＿＿＿＿＿＿＿＿＿＿＿＿＿＿＿＿＿＿

一、实验目的和任务

二、实验仪器（记录仪器名称及主要参数）

三、实验原理（文字、示意图及测量公式等）

四、实验内容和操作步骤

五、实验记录(记录实验条件、实验参数及原始测量数据)

教师签字	

六、数据处理(可另附页,粘贴于本实验附页粘贴处)

附 页 粘 贴 线

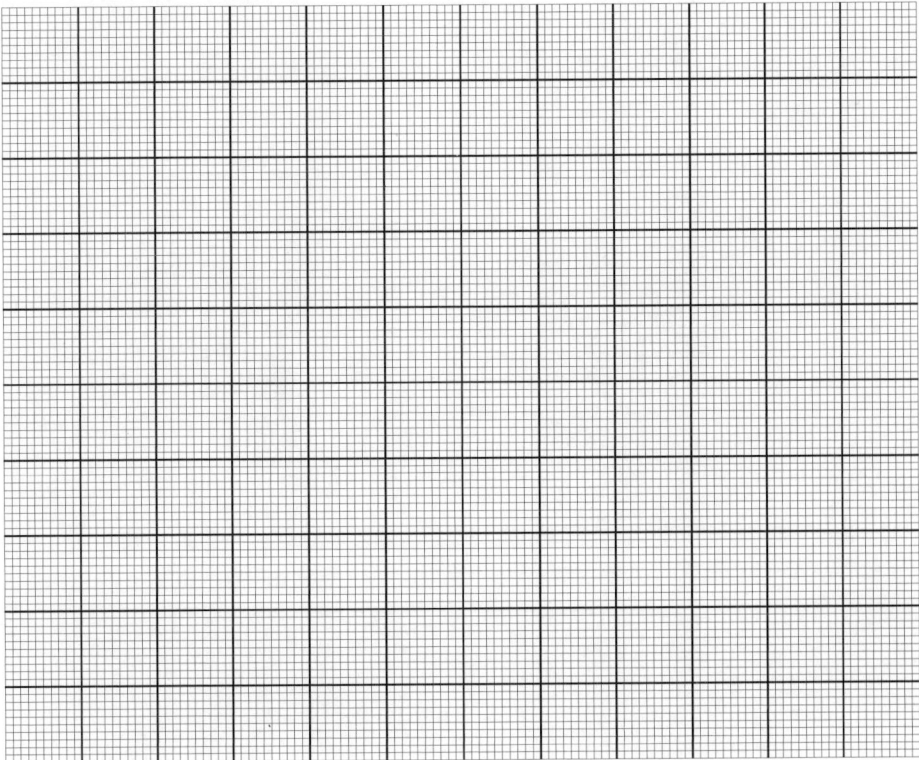

七、实验结果

八、实验结果分析、讨论及体会等

西安明德理工学院

大学物理实验报告

班 级	实验组别	姓 名	实验合作者	实验日期	成 绩	教师签名

实验名称＿＿＿＿＿＿＿＿＿＿＿＿＿＿＿＿＿＿＿

一、实验目的和任务

二、实验仪器（记录仪器名称及主要参数）

三、实验原理（文字、示意图及测量公式等）

四、实验内容和操作步骤

五、实验记录（记录实验条件、实验参数及原始测量数据）

教师签字	

六、数据处理（可另附页，粘贴于本实验附页粘贴处）

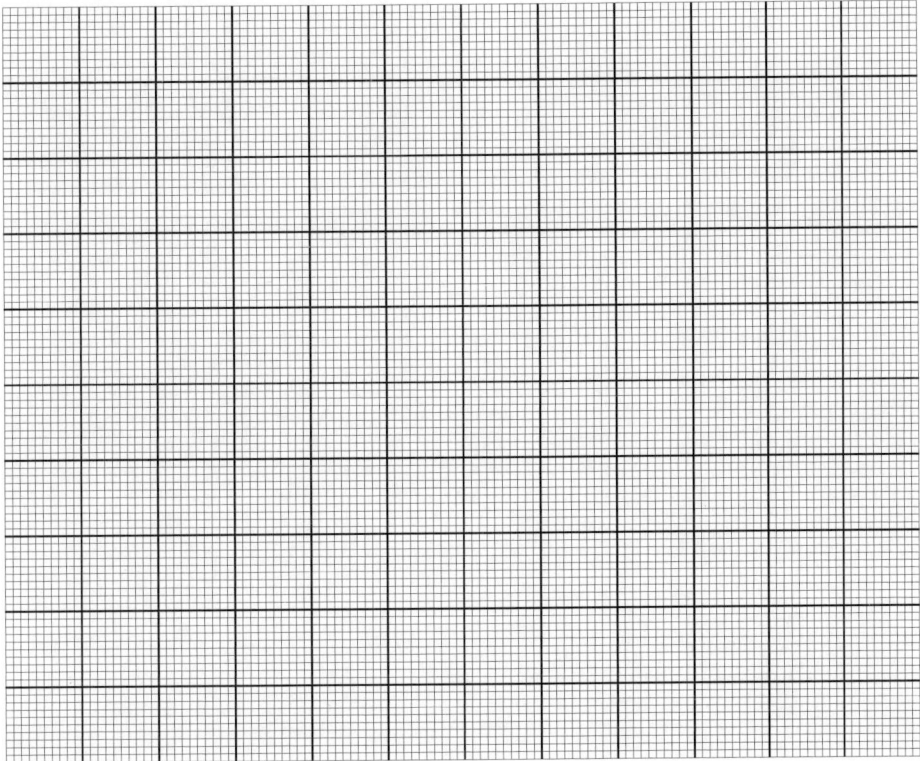

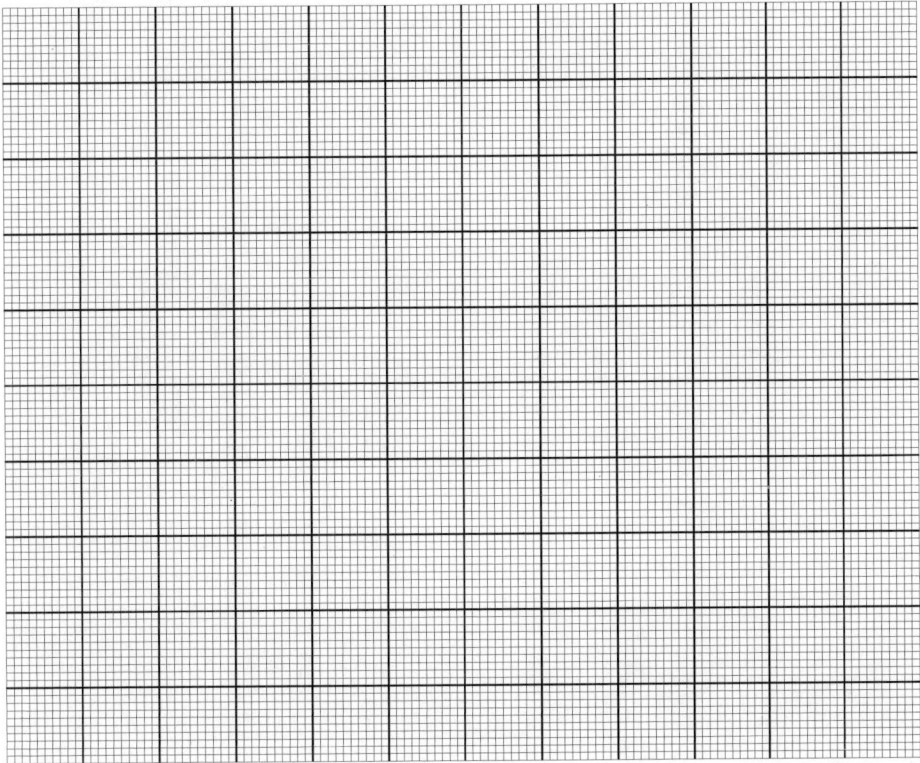

七、实验结果

八、实验结果分析、讨论及体会等

西安明德理工学院

大学物理实验报告

班 级	实验组别	姓 名	实验合作者	实验日期	成 绩	教师签名

实验名称 _____

一、实验目的和任务

二、实验仪器（记录仪器名称及主要参数）

三、实验原理（文字、示意图及测量公式等）

四、实验内容和操作步骤

五、实验记录（记录实验条件、实验参数及原始测量数据）

教师签字

六、数据处理(可另附页,粘贴于本实验附页粘贴处)

附 页 粘 贴 线

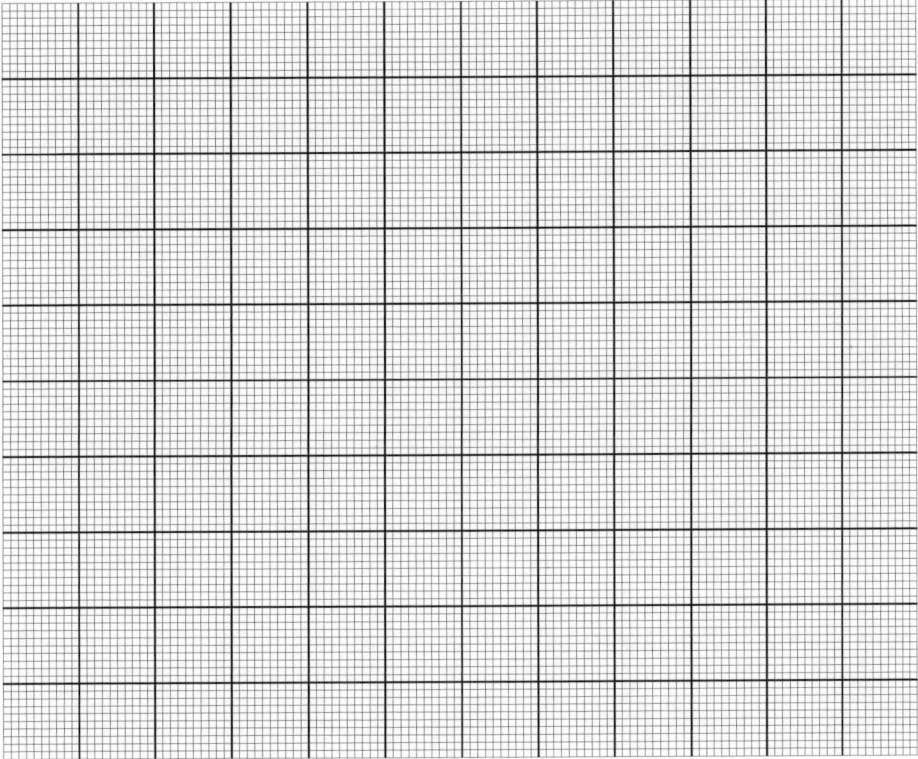

七、实验结果

八、实验结果分析、讨论及体会等

西安明德理工学院

大学物理实验报告

班　级	实验组别	姓　名	实验合作者	实验日期	成　绩	教师签名

实验名称 _____

一、实验目的和任务

二、实验仪器（记录仪器名称及主要参数）

三、实验原理（文字、示意图及测量公式等）

四、实验内容和操作步骤

五、实验记录(记录实验条件、实验参数及原始测量数据)

教师签字	

六、数据处理(可另附页,粘贴于本实验附页粘贴处)

附 页 粘 贴 线

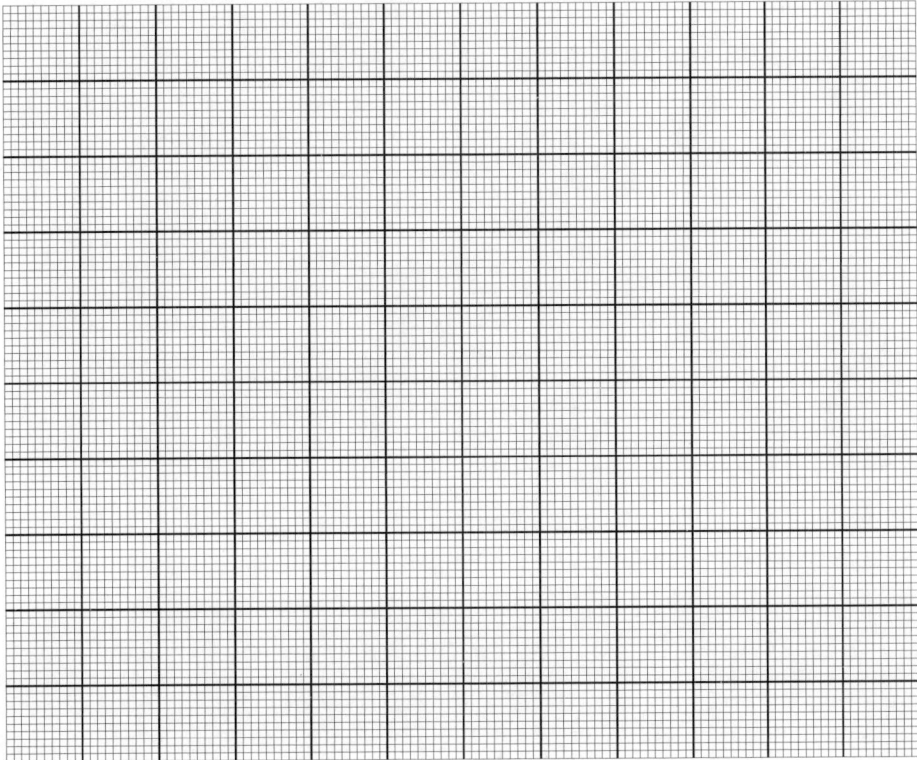

七、实验结果

八、实验结果分析、讨论及体会等

西安明德理工学院

大学物理实验报告

班　级	实验组别	姓　名	实验合作者	实验日期	成　绩	教师签名

实验名称＿＿＿＿＿＿＿＿＿＿＿＿＿＿＿＿＿

一、实验目的和任务

二、实验仪器（记录仪器名称及主要参数）

三、实验原理（文字、示意图及测量公式等）

四、实验内容和操作步骤

五、实验记录（记录实验条件、实验参数及原始测量数据）

教师签字	

六、数据处理(可另附页,粘贴于本实验附页粘贴处)

附 页 粘 贴 线

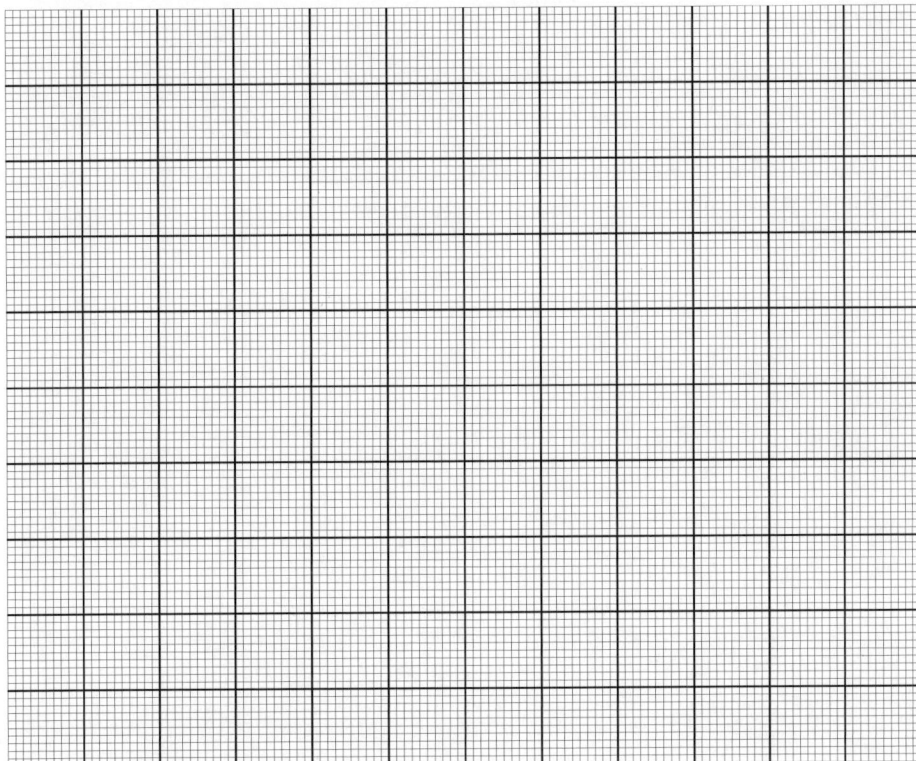

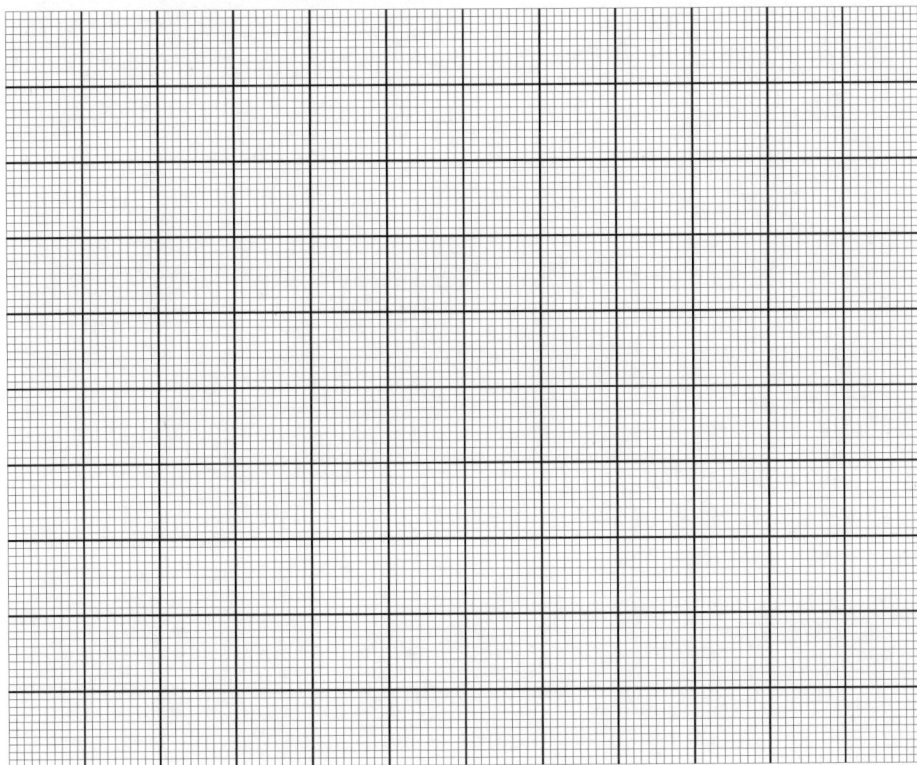

七、实验结果

八、实验结果分析、讨论及体会等

西安明德理工学院

大学物理实验报告

班　级	实验组别	姓　名	实验合作者	实验日期	成　绩	教师签名

实验名称＿＿＿＿＿＿＿＿＿＿＿＿＿＿＿＿

一、实验目的和任务

二、实验仪器（记录仪器名称及主要参数）

三、实验原理（文字、示意图及测量公式等）

四、实验内容和操作步骤

五、实验记录（记录实验条件、实验参数及原始测量数据）

教师签字	

六、数据处理(可另附页,粘贴于本实验附页粘贴处)

附页粘贴线

七、实验结果

八、实验结果分析、讨论及体会等

西安明德理工学院

大学物理实验报告

班　级	实验组别	姓　名	实验合作者	实验日期	成　绩	教师签名

实验名称＿＿＿＿＿＿＿＿＿＿＿＿＿＿＿＿＿

一、实验目的和任务

二、实验仪器（记录仪器名称及主要参数）

三、实验原理（文字、示意图及测量公式等）

四、实验内容和操作步骤

五、实验记录（记录实验条件、实验参数及原始测量数据）

教师签字	

六、数据处理（可另附页,粘贴于本实验附页粘贴处）

附 页 粘 贴 线

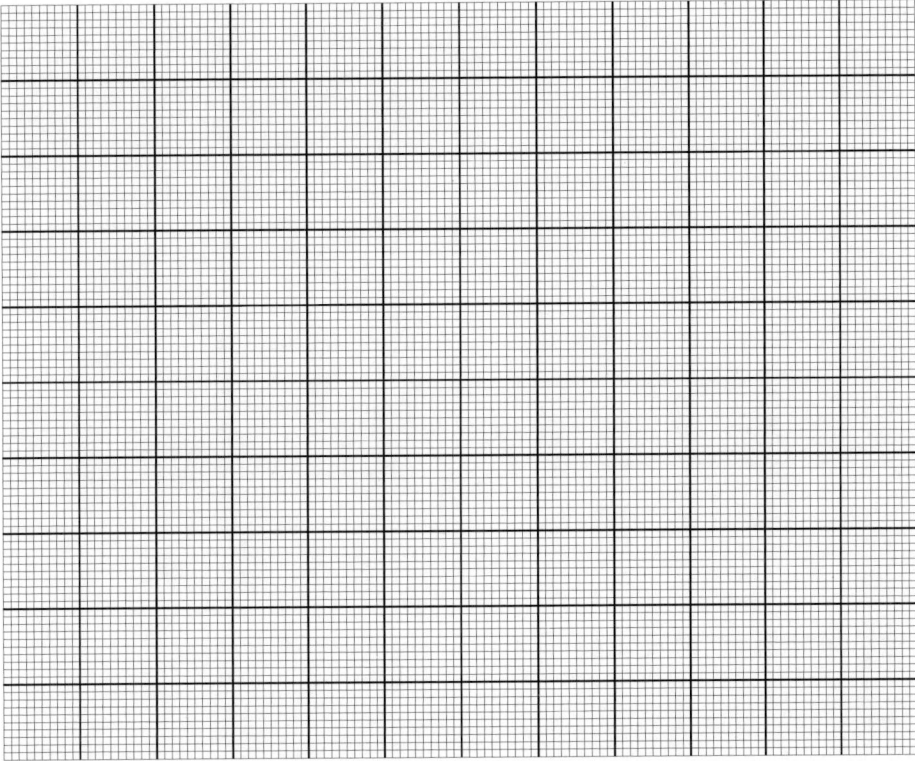

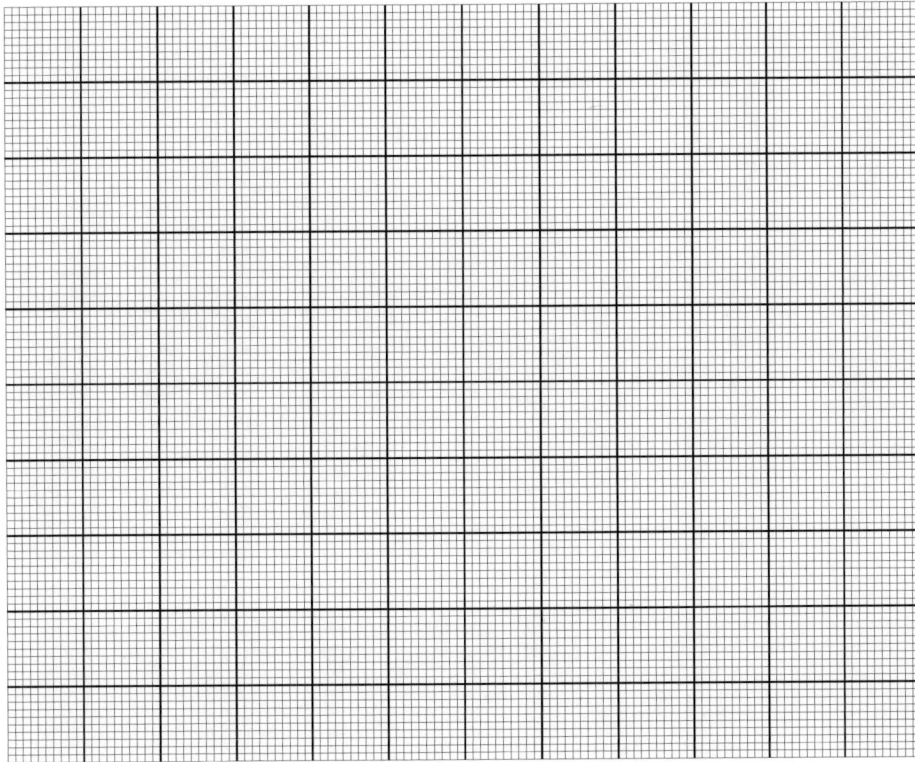

七、实验结果

八、实验结果分析、讨论及体会等

西安明德理工学院

大学物理实验报告

班　级	实验组别	姓　名	实验合作者	实验日期	成　绩	教师签名

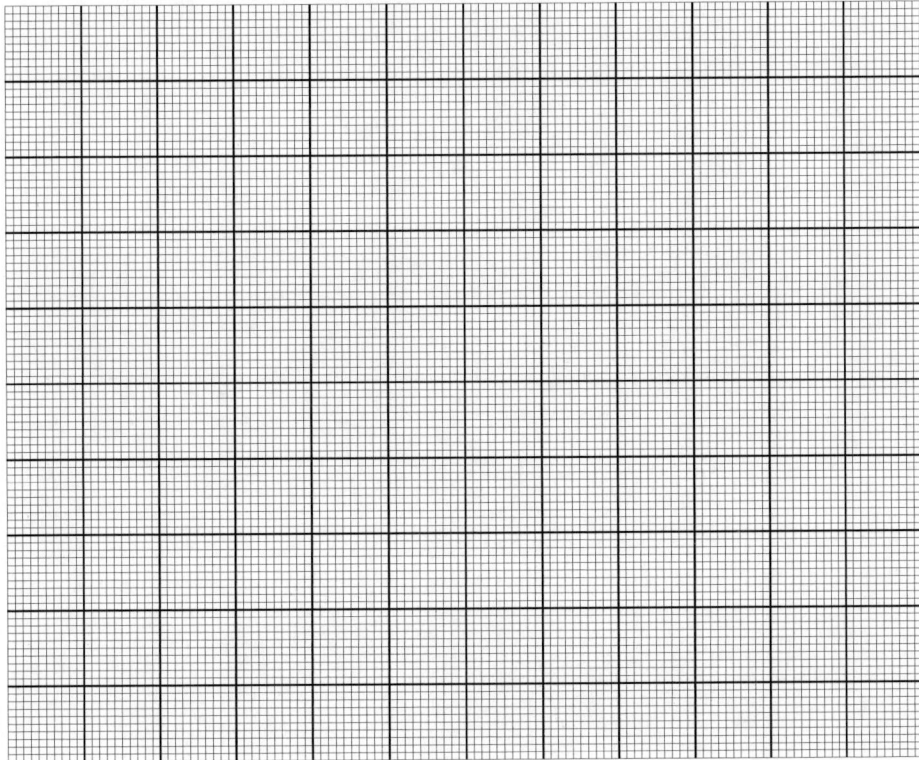

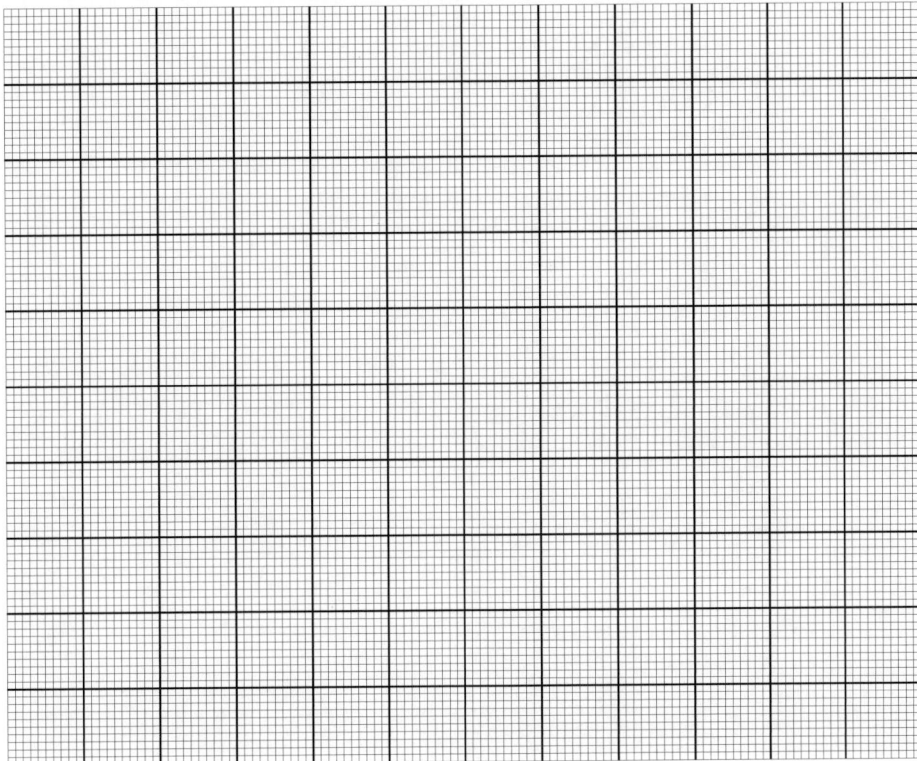

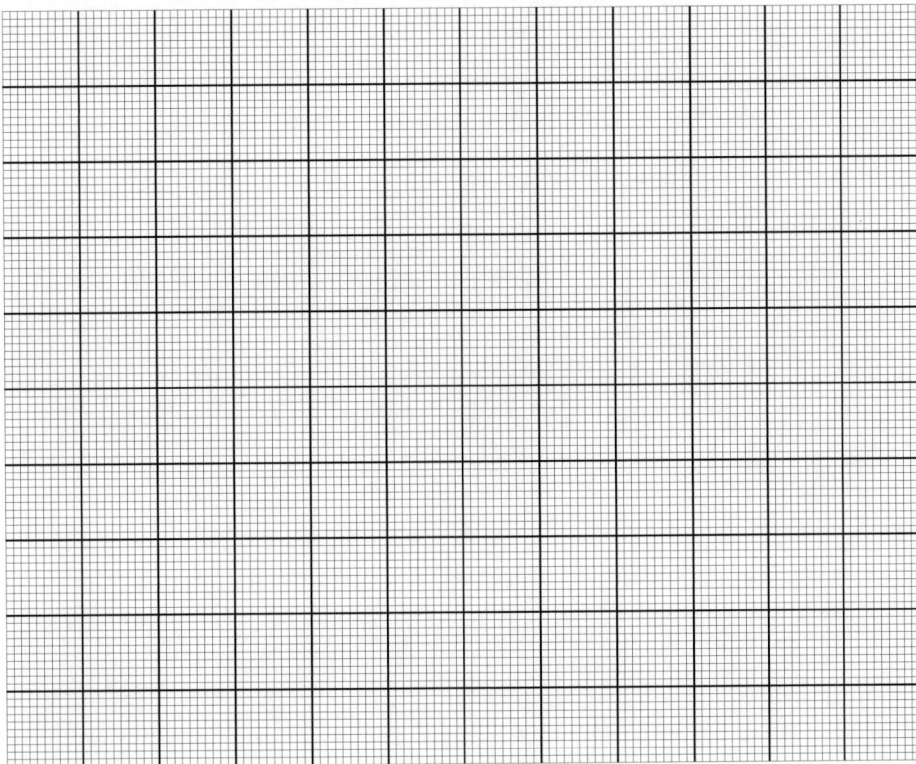